U0340749

■ 优秀技术工人
百工百法丛书

占绍林
工作法

陶瓷拉坯成型
五步法

中华全国总工会 组织编写

占绍林 著

🇧 中国工人出版社

技术工人队伍是支撑中国制造、中国创造的重要力量。我国工人阶级和广大劳动群众要大力弘扬劳模精神、劳动精神、工匠精神，适应当今世界科技革命和产业变革的需要，勤学苦练、深入钻研，勇于创新、敢为人先，不断提高技术技能水平，为推动高质量发展、实施制造强国战略、全面建设社会主义现代化国家贡献智慧和力量。

——习近平致首届大国工匠
创新交流大会的贺信

优秀技术工人百工百法丛书

编委会

编委会主任：徐留平

编委会副主任：马　璐　潘　健

编委会成员：王晓峰　程先东　王　铎

　　　　　　康华平　高　洁　李庆忠

　　　　　　蔡毅德　陈杰平　秦少相

　　　　　　刘小昶　李忠运　董　宽

序

　　党的二十大擘画了全面建设社会主义现代化国家、全面推进中华民族伟大复兴的宏伟蓝图。要把宏伟蓝图变成美好现实，根本上要靠包括工人阶级在内的全体人民的劳动、创造、奉献，高质量发展更离不开一支高素质的技术工人队伍。

　　党中央高度重视弘扬工匠精神和培养大国工匠。习近平总书记专门致信祝贺首届大国工匠创新交流大会，特别强调"技术工人队伍是支撑中国制造、中国创造的重要力量"，要求工人阶级和广大劳动群众要"适应当今世界科技革命和产业变革的需要，勤学苦练、深入钻研，勇于创新、敢为人先，不断提高技术技能水平"。这些亲切关怀和殷殷厚望，激励鼓舞着亿万职工群众弘扬劳模精神、劳动精神、工匠精神，奋进新征程、建功新时代。

近年来，全国各级工会认真学习贯彻习近平总书记关于工人阶级和工会工作的重要论述，特别是关于产业工人队伍建设改革的重要指示和致首届大国工匠创新交流大会贺信的精神，进一步加大工匠技能人才的培养选树力度，叫响做实大国工匠品牌，不断提高广大职工的技术技能水平。以大国工匠为代表的一大批杰出技术工人，聚焦重大战略、重大工程、重大项目、重点产业，通过生产实践和技术创新活动，总结出先进的技能技法，产生了巨大的经济效益和社会效益。

深化群众性技术创新活动，开展先进操作

法总结、命名和推广，是《新时期产业工人队伍建设改革方案》的主要举措。为落实全国总工会党组书记处的指示和要求，中国工人出版社和各全国产业工会、地方工会合作，精心推出"优秀技术工人百工百法丛书"，在全国范围内总结100种以工匠命名的解决生产一线现场问题的先进工作法，同时运用现代信息技术手段，同步生产视频课程、线上题库、工匠专区、元宇宙工匠创新工作室等数字知识产品。这是尊重技术工人首创精神的重要体现，是工会提高职工技能素质和创新能力的有力做法，必将带动各级工会先进操作法总结、命名和推广工作形成热潮。

此次入选"优秀技术工人百工百法丛书"作者群体的工匠人才，都是全国各行各业的杰出技术工人代表。他们总结自己的技能、技法和创新方法，著书立说、宣传推广，能让更多人看到技术工人创造的经济社会价值，带动更多产业工人积极提高自身技术技能水平，更好地助力高质量发展。中小微企业对工匠人才的孵化培育能力要弱于大型企业，对技术技能的渴求更为迫切。优秀技术工人工作法的出版，以及相关数字衍生知识服务产品的推广，将对中小微企业的技术进步与快速发展起到推动作用。

当前，产业转型正日趋加快，广大职工对于技术技能水平提升的需求日益迫切。为职工群众创造更多学习最新技术技能的机会和条件，传播普及高效解决生产一线现场问题的工法、技法和创新方法，充分发挥工匠人才的"传帮带"作用，工会组织责无旁贷。希望各地工会能够总结、命名和推广更多大国工匠和优秀技术工人的先进工作法，培养更多适应经济结构优化和产业转型升级需求的高技能人才，为加快建设一支知识型、技术型、创新型劳动者大军发挥重要作用。

中华全国总工会兼职副主席、大国工匠

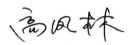

作者简介
About The
Author

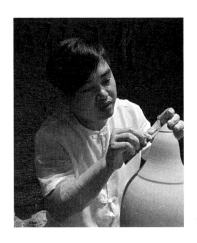

占绍林

　　1978 年出生，正高级工艺美术师，占绍陶艺实践基地创始人，江西省景德镇市占绍陶艺职业技能培训学校校长，国家级高层次人才（B类），享受国务院政府特殊津贴，国家级技能大师，全国非遗专家数据库成员，非物质文化遗产代表性传承人。

　　曾获"全国五一劳动奖章""中华技能大奖""轻

工大国工匠""全国技术能手""全国百姓学习之星""中华十大绝技"等荣誉和称号。

占绍林从事陶瓷技艺拉坯工作 30 余年，独创拉坯技法（五步法、一体成型法），深受行业人士高度认可，多年来培养了 100 多位入室弟子。他创建的"占绍陶艺实践基地"接待了 45 万余人次的陶瓷艺术创作及实践，为陶瓷技能人才培养作出了巨大贡献，曾两次被中国轻工业联合会授予"人才培养突出贡献单位"称号。

创新.是为了更好的
传承

占绍林

目　录
Contents

引　言
Introduction

　　拉坯成型，是一种利用离心力作用的陶瓷成型方法。在陶瓷制作过程中，拉坯成型工艺是重要环节之一，在传统制瓷工序中占有重要地位。拉坯成型工艺的发展历程体现了古人对泥土孜孜不倦的探索精神，最早要追溯到新石器时代的彩陶文化。在新石器时代早期，人类主要采用泥条盘筑法和捏塑成型法，至黄河流域的仰韶文化时期才出现了初级形式的陶轮，开始采用轮制成型，从此揭开了陶瓷成型工艺的新篇章，并成为陶瓷成型的主要方法。

　　拉坯成型作为一种传统的手工技艺，在

文明高度发达的今天，其内涵变得越来越丰富。它已不再是一种单纯的制瓷方法，而是被时代的发展赋予了更高层次的精神文化含义。当今许多国家和地区的陶瓷艺术家视手拉坯成型为艺术创作不可缺少的重要手段。对拉坯技艺全面的研究、继承和发展，是我们陶瓷工作者肩负的历史使命。

　　本书主要阐述笔者多年来在拉坯技术传承、攻坚、发展过程中对于一系列难题的解决办法和实施效果，以及在这一系列难题的解决过程中积累的有关创新的心得和经验，供大家参考。

第一讲

拉坯技艺概述

我国拉坯技艺历史悠久，在传统制瓷科学技术史上占有十分重要的位置。仰韶文化时期就有了初级形式的陶轮，新石器时代末期的龙山文化时期和商代的陶轮有了极大的改进，即由慢轮制陶发展到快轮制陶。当时，轮制法是一种进步的制陶工艺，它是将泥料放在陶轮上，借其快速转动的力量，用提拉的方式使之成型；陶工双手按住坯泥，随着陶工手法的屈伸收放，拉制出各种各样的形制。随着陶瓷成型技术的不断发展，这种快轮制陶法，即所谓轮制手拉坯成型，得到改进和完善，逐步形成了不同于其他成型方法的特点。无论是南北各大窑系，还是民间窑系，瓶、洗、炉、盘、碗、罐、钵等陶瓷器物大都采用手拉坯方法成型。

拉坯是陶瓷重要的成型方法和表现形式。简单来说，拉坯就是将一团泥通过轮制技术做成想要的形状。起初先人是通过手摇脚蹬来完成的，后来人们发明了拉坯机。

　　拉坯的工作原理是：把泥放在轮盘上，拉坯机带动轮盘旋转，也带动轮盘上的泥团随着轮盘向同一方向旋转；两只手作用在泥上，双手的用力方向相对应，这样泥会在内外两个力的作用下产生升降、收放等形式上的变化。随着双手对力的方向和大小的控制，轮盘上的泥团会被拉成空心的形状，之后形状发生变化。

第二讲

拉坯方法——五步法

当前，拉坯工匠大多将拉坯作为一种谋生的手段，对拉坯技艺的研究鲜有进展，尤其是对于拉坯技艺的传承与创新的研究少之又少。在以前，拉坯人才的培养是遵循中国传统技艺传授方式开展的，即父亲传给儿子、儿子传给孙子，或师父传给徒弟，一代一代接续完成的。这种培养主要以口头传授为主，关注实践操作，而不重视理论学习与操作方法的总结，由此导致诸多问题。主要问题如下：

一是拉坯效率低下，坯体质量不高。在拉坯过程中，传统的拉坯技法在拉制大件器皿时，无法做到一次成型，一般需要分段拉制，每段拉制好了以后，再进行拼接。在拼接坯体的时候，拼接处容易出问题，比如开裂。

二是技法学习周期长。传统的拉坯人才培养以口头传授为主，只关注实践操作，导致学徒需要很长的一段时间去理解技法的逻辑性才能很好地掌握技法，很容易失去学习的热情。

　　三是拉坯创作受到局限。运用传统拉坯技法进行创作，特别是创作一些带有设计感的、线条变化比较大的器皿，通常需要达到一定的技术水平后再进入艺术创作领域。这就导致拉坯创作的门槛高、周期长，在一定程度上制约了拉坯技艺的创新与创作。

一、拉坯五步法

　　针对上述问题，笔者以解决拉坯创作、提高拉坯效率、简化操作过程为目标，归纳总结了拉坯五步法，其拉制步骤如下所示。

1. 揉泥

　　拉坯成型中，把握泥的密度和干湿度极为重要。因此，在拉坯前必须先揉泥，因为配好的泥土中充满气泡。如果让这些气泡留在泥中，那么在拉坯过程中将会遇到很多问题。比如泥土在拉坯过程中会局部变薄或折断，甚至有气泡冒出泥面使得表面效果不理想。因此，需要将泥中的气泡排空，增加泥团的紧密性，使其在拉坯过程中不易断裂，更容易成型。在揉掉气泡的同时，还可以将泥土原来的杂质去掉，最后将泥巴揉成一团没有裂痕和断层、干湿和软硬都均匀的泥块，以便于拉坯。揉泥是一种熟悉泥性、寻找泥感的良好途径。常见的揉泥方法有两种：羊角形揉泥法和菊花形揉泥法。

（1）羊角形揉泥步骤与技巧

在揉泥过程中，两手放在泥团的两侧，用力将泥团向前、向下推。双手将泥团的两端压出些微凹陷，等到泥团最终的形状像个羊头一样，再揉成圆柱状。

①**取泥**：将取好的黏土放在台面上，拍打成长形，以便于双手揉压。

②**揉泥**：左右两手同时握住泥团的两头，用

两手掌将泥团中部推压向台面，随后两手指部将台面泥土卷拉向顶端，再将当中部分推压向台面。重复上述操作动作，要求左右两手用力均匀，并向中间部位使劲，动作连续协调，使泥团滚动起来，直到黏土中气泡揉尽，粗细、干湿程度均匀为止（见图1~图3）。

　　③**收泥**：把泥揉制均匀后，我们要将"羊头"重新揉成泥团。两个手掌搭在泥的前方，继续有规律地向斜前方挤压，使"羊角"越来越长，最后泥团形成中间厚两头薄的形状（见图4）。双手握住泥的两端，在桌上进行反复摔打（见图5）。摔打过程中双手向中心用力，进一步排除泥中的空气，最后形成圆锥状的泥团（见图6）。

　　将泥团摔打至呈圆锥状之后，双手握住圆锥顶部，将圆锥底部外缘在平整桌面上转一圈，使底部中间突起。这样，泥团被摔在转盘上时，与转盘会更加贴合。

图1　左右两手同时握住泥团的两头

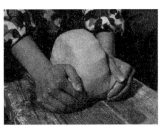

图2　两手掌将泥团中部推压向台面

图3　将泥料揉制均匀

图4　将泥料制成中间厚两头薄的形状

图5　双手握住泥的两端在桌上进行反复摔打

图6　圆锥状的泥团

（2）菊花形揉泥步骤与技巧

在揉泥过程中，双手都放在泥团的一端。当泥团往前卷起时，右手向下推压，左手护住泥团，防止泥团向侧边移动。泥团每卷起一次就旋转一回，直至泥团呈现出一层一层的图案，像菊花的花瓣一样。

①**取泥**：取一块黏土放在工作台面上，视其干湿程度决定是否需要加水或脱水。如果泥土较干，那么可将黏土放在垫有湿帆布的台面上揉练；如果黏土太湿，则将黏土放在石膏板上揉练。

②**揉泥**：将平放的泥块立起，双手握住泥块两边。身体前倾，左手扶泥，右手手掌用力向下按压。左手将泥抬起后，右手手掌继续用力向下按压，使泥形成一层层折纹（见图7）。

反复均匀的按压能够很好地将泥中的空气排出。经过多次按压后俯看泥团，揉泥形成向四周分散的折痕，犹如菊花，故称为菊花揉（见图8）。

③**收泥**：右手加大揉泥的幅度，使折纹越来越大，最后形成一个圆锥形（见图9）。随后双手握住泥的两端，在桌面上进行反复摔打，使揉泥时产生的裂缝消除。摔打的过程中，双手向中心用力，进一步使泥中的空气排除（见图10）。

图7　揉泥

图8　反复按压将泥中的空气排出

图9　收泥

图10　双手握住泥的两端，进行反复摔打

2. 定中心

定中心决定成坯的好坏。揉好泥巴后，要开始定中心——也就是通过双手的相互配合将泥团固定在转盘中心。将泥团放在转盘上，用水湿润泥团和双手，启动拉坯机，两手臂支撑在大腿内侧，双手均匀用力，将泥料自下而上、自上而下反复操作，最终将泥团拉成圆柱状，并在转盘中轴上稳定，不晃动。

定中心是拉坯过程中最基本的操作，必须让泥料始终保持在拉坯机转盘的中心，在离心力的作用下泥与转盘保持同一方向匀速运转，这样才能做出规整的圆形器物。如果没有定好中心，则很难进行下一步的拉坯操作。

打开拉坯机的电源，调整坐姿，双手的肘关节可顶在大腿上。在拉坯时将大腿作为支点，不仅能够保持双手稳定，还可以起到省力的作用（见图 11）。

　　双手保持稳定，合力均匀地将泥往下压，手掌的大拇指根部一齐用力，将不规则的泥团拉成圆锥形（见图12）。

图 11　双手肘关节顶在大腿上作为支撑

图 12　双手保持稳定，均匀地将泥往下压

　　下压泥团呈圆锥形后，双手紧抱泥团由水平方向同时向内压，并让泥团转动数周，直至最底部的泥团保持稳定而不左右晃动。然后挺直腰身，双臂以大腿为支点同时向内用力，将底部的泥匀速向上捧起，泥团会随之改变形状。保持这个姿势并让泥团转动数周后，双手同时用力徐徐地将泥团往上提起，这一操作俗称"拔升"（见图13）。

　　当泥团捧到一定高度时，左手放在泥柱左边中部的位置，护住泥柱，右手掌呈弯曲状放在泥柱上端，然后轻用力并斜向前推压，倾斜的角度在 15° 左右（见图 14）。

图 13　拔升　　　图 14　将泥团向前推压

　　伴随着斜推压的进行，整个泥团会慢慢地变矮。如果发现泥团和转盘没有在同一个圆心上，则需要重复往上捧和向下压的动作才能找好中心。

　　定完中心的泥团与拉坯机转盘转动的方向和节奏一致，手指轻放在上面就像静止的状态，不会晃动或左右摇摆。

定好中心后，就可以开始拉坯了。拉坯主要靠双手的手掌与手指对泥料施加压力或拉力，用挤、拉、压、扩等方式对泥团进行可控调节，从而实现泥团在各种压力与拉力的作用下发生升高、缩短、扩展等变化。在拉坯过程中，也可以使用棍棒、竹片、海绵、竹刀、木刀等工具对泥坯进行最后的修整，从而实现创作要求的器型或效果。

3.五步法

小件器物的拉制分为五个步骤：评估取泥、压成饼型、开口扩底、收口提拉、修型修底。

（1）评估取泥

定完中心后，根据器型的尺寸选取适量的泥开始拉制，这一步称为"取泥"。用手指卡在选取的泥上，双手轻轻捧住，保持这个姿势转动数周（见图15~图16）。这是景德镇的传统拉坯步骤，如果一整块泥只拉一个器型，则不需要这一步。

图 15　评估取泥　　　图 16　评估取泥的泥团剖面图

（2）压成饼型

将圆柱状的泥团压成饼型，为下一步的开口做好准备（见图 17~图 18）。

图 17　压成饼型　　　图 18　压成饼型的泥团剖面图

（3）开口扩底

开口需要在定中心的基础上完成，务必开得平整、严实。湿润双手，将双手拇指贴在一起，其余手指包住泥团外部，双手拇指同时在泥团中心由上往下一点点深入，直到接近泥柱底部2cm左右。双手拇指同时向外扩，使内轮廓呈U型，并保持底部平整，使底部接近一个平面（见图19~图22）。

图 19　开口

图 20　开口的泥团剖面图

图 21　扩底

图 22　扩好底的泥团剖面图

（4）收口提拉

提拉是器皿成型的关键，其操作方法是左手贴在泥上，右手大拇指和其余四指掐住泥巴，随着拉坯机旋转，有效地将泥坯从下往上拉高拉薄，达到造型所需要的高度与厚薄度（见图23~图24）。提拉的过程要一气呵成，但不能太过用力，否则会直接把泥掐断。提拉时要注意不能一次把底部的泥拉得太薄，应保持上薄下厚，这样重心才能稳定（见图25~图28）。

（5）修型修底

以上步骤都完成后，就可以开始修型。这个步骤需要将器皿的造型铭记于心，精神高度集中，控制好双手的湿度和力度，宽时外扩、细时内收、高时上提，将泥坯拉成所需要的造型。器型拉制好后，为了器型造型准确，口、颈、肩、腹、底各部位之间的比例合适、空间结构合理，需要将器型的外形线条进行微调，让线条饱满流

图 23　收泥

图 24　收泥剖面图

图 25　确认坯体底部

图 26　形成类直筒形的坯体

图 27　提拉

图 28　提拉的剖面图

畅，同时要给修坯留有余地（见图 29~图 30）。

图 29　修型　　　　　　　图 30　修底

接下来调整口沿。左手的中指和无名指轻轻平放在口沿上方，右手拿着工具（锯条），保持姿势稳定。旋转几圈后，口沿就会形成规则的线条（见图 31）。

图 31　调整口沿

4.取坯

将拉制好的坯体从拉坯机上取下。小件器皿取坯的方式分为暗足和明足。

（1）暗足

右手的食指和中指并拢放平，左手的食指和中指呈剪刀状，放在坯体的底部向下向里用力，让坯体与泥团自然分离（见图32~图33）。

图32　暗足的手势　　　　图33　暗足取坯

（2）明足

右手的食指和中指并拢竖立，左手的食指和中指呈剪刀状，放在坯体的底部向下向里用力，使坯体与泥团自然分离（见图34~图35）。

图 34　明足的手势　　　　　图 35　明足取坯

对于大件器皿，将坯垫从拉坯机转盘上取下后，需进行割底，避免坯体在晾干过程中发生撕裂的情况。

二、实施效果

拉坯五步法自 2011 年起在拉坯工作中应用至今，反响良好。这一拉坯方法大大填补了传统拉坯技艺的理论空白，将拉坯技法分析得很透彻，让所有爱好拉坯的人易懂易学，显著地提升了拉坯教学的效果。

第三讲

拉坯五步法在直线型器皿中的应用

传统的轮制成型一般都是通过辘轳（陶钧、轮车、拉坯车）来完成制作。中国古代的陶工通过灵巧的双手以及对造型的准确把握，创造出了如龙山文化中薄如蛋壳的黑陶等杰出工艺品。经过漫长的历史发展和经验积累，轮制成型技术不断改进，颇具智慧的陶工总结和积累了许多轮制成型的宝贵经验。笔者从艺以来，在继承这些宝贵经验的基础上，不断琢磨实践，逐渐形成了一整套较为完善的、技艺标准和工艺特点完全不同于传统拉坯技法——五步法。与传统拉坯技法相比，五步法具有简单方便、易于操作的优点，能最大限度地发挥人的创造力，使其在制作艺术陶瓷方面显得更为得心应手。本书中介绍的器型制作，均是通过五步法来完成的。

在日常器物中，直线型器皿有水杯、斗笠杯等 L 型、V 型器皿。其中，斗笠杯是经典的器型，敞口、斜腹壁呈 45°角、小圈足，形似倒置的斗笠。斗笠杯的造型在设计上极具极简主义风格，把优雅简单的造型发挥到了极致。

一、斗笠杯的拉制

1.定中心

将揉好的泥团放在转盘正中心，用水湿润泥团和双手，启动拉坯机；两手臂支撑在大腿内侧，双手均匀用力，将泥料自下而上、自上而下地反复操作，最终将泥团拉成圆柱状，并在转盘中轴上稳定，不晃动（详细步骤参考第二讲的"定中心"）。

2.拉制步骤

（1）评估取泥

定完中心后，双手手掌相对，呈"倒八字"，同时向内向上挤压泥团，明确拉制坯体所要的泥量，用于拉制斗笠杯（见图36~图37）。

图 36 评估取泥　　　　图 37 评估取泥的泥团剖面图

（2）压成饼型

　　将左手的大拇指放置泥团上部中间的 1/2 处，左手向下用力；右手放在泥团底部，扶着泥团，将"倒八字"的泥团压成饼型（见图 38~图 39）。

图 38 压成饼型　　　　图 39 压成饼型的泥团剖面图

（3）开口扩底

　　双手捧泥，并将双手大拇指并拢，放在泥团

中心处，同时往下压，靠近泥团底部时停止下压，保持原有的手势；双手大拇指同时从坯体内底部的中心慢慢向外扩，形成平整的底面（见图40~图41）。拉制斗笠杯时底部不宜太宽，否则会使造型显得臃肿。

图40　开口　　　　　　　图41　扩底

（4）收口提拉

斗笠杯的造型虽然看起来与直筒型没有直接联系，然而，除盘子外，拉制任何圆形器具都是在直筒形的基础上演变而来的，斗笠杯也不例外，扩完底后将泥巴往上提拉成直筒型（见图42~图43）。

图 42　收口　　　　　　　　图 43　提拉

（5）扩型修口

①扩型：提拉完成后，稍微修整口部进行下一步扩型。斗笠杯的外壁是敞口，斜腹壁，因此这一步拉制时借助锯条的直角面会更容易塑造斗笠杯的线条。操作时右手拿锯条，左手放在坯的内壁，由下往上匀速往外扩，拉制时注意速度，控制内壁的弧度最好在 45° 左右，否则容易坍塌（见图 44）。

②修口：确定好造型后，将口部修整齐，如果杯底有积水，则需用海绵将水吸出，否则坯体在干燥时容易造成底部开裂（见图 45）。

图 44　扩型　　　　　　图 45　修口

3. 取坯

将拉制完成的斗笠杯取下。右手食指和中指并拢竖立，左手食指和中指呈剪刀状（见图 46）。双手同时向内向下用力，让坯体自然分离，将坯体取下（见图 47）。注意在取坯时避免向上拔，

图 46　取坯的手势　　　图 47　将坯体取下置于
坯板

否则会使底部变形。

二、水杯的拉制

常见的水杯为 L 型，这是大部分像花瓶和水罐等直立状器皿的基本型，将它拉好，可以为日后的器皿制作奠定扎实的基础。

1. 定中心

将揉好的泥团放在拉坯机的正中心，润湿泥团和双手，缓慢启动拉坯机，调整到合适的转速，用掌心将泥团往下压至形成圆锥状；然后双手放在泥团底部，待拉坯机匀速转几周后将泥团往上捧，待泥团变细长后，用左手往斜前方推。经过反复几次推拉，直到泥团稳定在转盘中心不扭曲和变形（详细步骤参考第二讲的"定中心"）。

2. 拉制步骤

（1）评估取泥

双手手掌相对，呈"倒八字"，同时向内

向上挤压泥团，明确拉制坯体所要的泥量（见图48）。

（2）压成饼型

将左手大拇指放置泥团上部中间的1/2处，左手向下用力；右手放在泥团底部，扶着泥团，将"倒八字"的泥团压成饼型（见图49）。

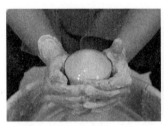 

图48　评估取泥　　　　　图49　压成饼型

（3）开口扩底

①开口：双手大拇指并拢保持稳定，同时从泥团的中心处轻轻往下压，保持下压的动作直到留出底部孔深2.5cm左右后停止（见图50）。

②扩底：双手捧住泥，随着拉坯机旋转，双

手大拇指同时从坯体内底部的中心慢慢向外扩，使内轮廓呈 U 型，并保持底部平整（见图51）。

图50　开口　　　　　　　　图51　扩底

（4）收口提拉

①收口：右手托着坯体，左手的大拇指和其余四个手指夹着坯体，同时往上用力，将坯体从扁平状变为竖立状（见图52）。然后左手像鱼叉一样叉住坯体外底部，在捏细坯体外底部的同时，右手的四个手指头并拢放在坯体内底部，稳定住坯体，防止晃动（见图53）。

图 52　收口（1）　　　　　图 53　收口（2）

②提拉：将左手的食指放在坯体的口沿上，中指和大拇指放在坯体两侧，稳定住坯体，右手的大拇指放在坯体内底部，其余四个手指并拢放在坯体外底部，像夹子一样夹住泥巴，将泥巴往上提拉（见图54~图55）。

图 54　提拉（1）　　　　　图 55　提拉（2）

（5）修型修口

①修型：使用助状器，调整器型，使器型的轮廓线更准确（见图56）。

②修口：双手持修口工具，放在口沿上方，保持姿势的稳定。旋转几圈后，口沿就会形成规则的线条（见图57）。

图56　修型　　　　　　　图57　修口

3. 取坯

左手呈剪刀状，右手的中指和食指并拢放平，双手放在底部同时向内向下用力，直到坯体自然分离（见图58）。

图 58　取坯

第四讲

拉坯五步法在曲线型器皿中的应用

日常生活中，常见的曲线型器皿有碗、花器等。其中，碗作为一种日常饮食器具，最早可追溯到新石器时代的陶碗和木碗。碗的形状和质感，随着时代的变迁、工艺的进步，表现出不同的功能和审美。下文介绍常见的 U 型碗等曲线型器皿的拉制方法。

一、U 型碗的拉制

1. 定中心

将揉好的泥团放在拉坯机转盘的正中心，润湿泥团和双手，缓慢启动拉坯机，调整到合适的转速。双手将泥团往下压至形成圆锥状，然后双手放在泥团底部，将泥往上捧。泥团变细长后，用左手往斜前方推压。反复做几次，直到泥团稳定在转盘中心处不出现扭曲和变形（详细步骤参考第二讲的"定中心"）。

2. 拉制步骤

（1）评估取泥

根据自己设计的尺寸，选取拉制碗所需的泥量（见图 59）。

（2）压成饼型

将左手大拇指放置泥团上部中间的 1/2 处，左手向下用力；右手放在泥团底部，扶着泥团，将"倒八字"的泥团压成饼型（见图 60）。

图 59　评估取泥　　　　图 60　压成饼型

（3）开口扩底

将左边的中指和右边的无名指，锁在坯体的底部。双手大拇指并拢同时向下用力钻孔，直至感觉到双手大拇指快要触碰到底部的中指和无名指的时候，停止钻孔（见图61）。然后双手大拇指同时从坯体内底部的中心慢慢向外扩，扩大底部的面积（见图62）。

图61　开口　　　　　　　　图62　扩底

（4）收口提拉

①收口：右手托着坯体，左手的大拇指和其余四个手指夹着坯体，同时往上用力，将坯体从扁平状变为竖立状（见图63）。然后，左手像鱼叉一样叉住坯体外底部，将其捏细的同时，右手的四个手指头并拢放在坯体底部，稳定住坯体，防止晃动（见图64）。

图 63　收口（1）　　　　图 64　收口（2）

②提拉：将左手的食指放在坯体的口沿上，中指和拇指放在坯体两侧，稳定住坯体。右手的拇指放在坯体内底部，其余四个手指并拢放在坯体外底部，像夹子一样夹住泥巴往上提拉（见图65~图66）。

图 65　提拉（1）　　　　图 66　提拉（2）

（5）扩型修口

①扩型：左手放入内壁，右手放在外壁，同时右手肘靠在大腿上，让身体的重心向右倾斜。左右两手大拇指相交保持手指稳定，左手大拇指在上，右手大拇指在下，随着拉坯机转速缓慢移动双手进行扩型（见图67）。扩型时不可心急，需要认真感受器型的变化，直到修出预想曲线效果。操之过急可能会导致坯体坍塌扭曲变形（见图68）。

图67　扩型

图68　修型

②修口：双手持修口工具，放在口沿上方，保持姿势的稳定，旋转几圈后，即可得到规整的

口沿。将碗底的积水用海绵吸出，否则坯体在干燥时容易造成底部开裂（见图 69）。

3. 取坯

左手呈剪刀状，右手的中指和食指并拢，双手放在底部同时向斜下方压，直到坯体自然分离。注意在取坯时不可向上拔，否则会导致底部变形（见图 70）。

图 69　修口　　　　　图 70　取坯

二、花器的拉制

1. 定中心

将揉好的泥团放在拉坯机转盘的正中心，润湿泥团和双手，缓慢启动拉坯机，调整到合适的转速。用双手先将泥团往下压至形成圆锥状，然后将双手放在泥团底部将泥往上捧。泥团变细长后，用左手往斜前方推压。反复做几次，直到泥团稳定在转盘中心处不出现扭曲和变形（详细步骤参考第二讲的"定中心"）。

2. 拉制步骤

（1）评估取泥

双手手掌相对，呈"倒八字"，同时向内向上挤压泥团，明确拉制坯体所要的泥量（见图71）。

（2）压成饼型

将左手大拇指放置泥团上部中间的 1/2 处，左手向下用力；右手放在泥团底部，扶着泥团，将"倒八字"的泥团压成饼型（见图72）。

（3）开口扩底

将左手的中指和右手的无名指，锁在坯体的底部。双手大拇指并拢同时向下用力钻孔，直到感觉到双手的大拇指快要触碰到底部的中指和无

图 71　评估取泥

图 72　压成饼型

名指的时候，停止钻孔（见图 73）。然后双手大拇指从坯体内底部的中心慢慢向外扩，扩大底部的面积（见图 74）。

图 73　开口

图 74　扩底

（4）收口提拉

①收口：右手托着坯体，左手的大拇指和其

余四个手指夹着坯体，同时往上用力，将坯体从扁平状变为竖立状（见图75）。然后，左手像鱼叉一样叉住坯体外底部，将其捏细的同时，右手的四个手指头并拢放在坯体内底部，稳定住坯体，防止晃动（见图76）。

图75　收口（1）　　　　图76　收口（2）

②提拉：将左手的食指放在坯体的口沿上，中指和拇指放在坯体两侧，稳定住坯体。右手的大拇指放在坯体内底部，其余四个手指并拢放在坯体外底部，像夹子一样夹住泥巴往上提拉（见图77~图78）。

图 77　提拉（1）

图 78　提拉（2）

（5）收型修型

①收型：完成提拉后，先将坯体的上半部收形（见图 79）。双手捧着泥坯匀速往里收口，将坯体调整成花瓶的大致形状（见图 80）。

图 79　收型

图 80　将坯体调整成花瓶的大致形状

②修型：对坯体的大致造型进行调整，然后对坯体的口部和颈部进行修整。在这个过程中，要注意观察花瓶外形的线条以及弧度，做到整体饱满，局部有变化（见图81）。

3. 取坯

左手呈剪刀状，右手的中指和食指并拢，双手放在底部同时向斜下方压，直到坯体自然分离。注意在取坯时不可向内或向下挤压，否则会导致底部变形。如果在拉坯完成时弧度和线条上存在不足，那么可以通过后期的修坯进行改善和调整（见图82）。

图81　修型　　　　　　图82　取坯

三、公道杯的拉制

1. 定中心

将揉好的泥团放在拉坯机转盘的正中心，润湿泥团和双手，缓慢启动拉坯机，调整到合适的转速。用双手先将泥团往下压至形成圆锥状，然后将双手放在泥团底部将泥往上捧。泥团变细长后，用左手往斜前方推压。反复做几次，直到泥团稳定在转盘中心处不出现扭曲和变形（详细步骤参考第二讲的"定中心"）。

2. 拉制步骤

（1）评估取泥

定完中心后，双手手掌相对，呈"倒八字"，同时向内向上挤压泥团，明确拉制坯体所要的泥量，用它拉制公道杯（见图 83）。

（2）压成饼型

将左手大拇指放置泥团上部中间的 1/2 处，左手向下用力，右手放在泥团底部，扶着泥团，将"倒八字"的泥团压成饼型（见图84）。

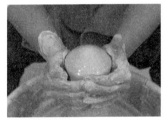 

图83 评估取泥　　　　图84 压成饼型

（3）开口扩底

①开口：双手捧泥稳住重心，左右两手大拇指同时从泥团的中心垂直向下开口，保持下压的动作，直到留出底部孔深2.5cm左右后停止（见图85）。

②扩底：双手捧住泥，双手大拇指从坯体内底部的中心慢慢向外扩，随着拉坯机的匀速旋转，使内轮廓呈U型，并保持底部平整（见图86）。

图 85　开口　　　　　　　　图 86　扩底

（4）收口提拉

①收口：右手托着坯体，左手的大拇指和其余四个手指夹着坯体，同时往上用力，将坯体从扁平状变为竖立状（见图 87）。

②提拉：将左手的食指放在坯体的口沿上，中指和拇指放在坯体两侧，稳定住坯体。右手的拇指放在坯体内底部，其余四个手指并拢放在坯体外底部，像夹子一样夹住泥巴，将泥巴往上提拉（见图 88）。

图 87　收口　　　　　　　　　图 88　提拉

（5）扩型修型

①扩型：放慢转盘转速，左手的中指与右手的大拇指轻轻夹住泥壁，缓慢从底部移至口沿。放在内壁的左手中指力度稍大于外侧的右手大拇指，使直筒向外扩型（见图89）。

②修口：扩型完成后，坯体的外形接近公道杯。双手持修口工具，正放在坯体口沿上卡去多余的泥浆，使坯体口沿更加平整（见图90）。

图 89　扩型　　　　　　　　　图 90　修口

③制作流口：将双手清洗干净，右手食指将口沿向下压，左手大拇指与食指抵住泥坯外壁，并托住下压的口沿（见图 91）。反复做几次，使流口变薄（见图 92）。

图 91　制作流口（1）　　　图 92　制作流口（2）

3. 取坯

左手呈剪刀状，右手的中指和食指并拢放平，双手放在坯体底部同时向内向下用力，直到坯体自然分离（见图 93~图 94）。

图 93　取坯的手势　　　　图 94　将坯体取下

拉坯成型制作的器物是经过心与手的结合，是有情感、有温度的创造。

拉坯技艺体现出我国传统制瓷工艺的深刻内涵，是极为珍贵的智慧财富。中国作为陶瓷古

国，拉坯成型及其技术是中华优秀传统文化中的
重要部分，因而我们应努力发掘和研究总结这一
传统技艺宝库。

第五讲

拉坯技艺的创作

　　拉坯技艺从新石器时代的轮制技术发展到现在，一直是陶瓷成型技法的一个重要成型方式。传统拉坯成型追求器型标准化、正规化、功能化，以至于人们认为创造出来的东西无外乎都是碗、碟、瓶、罐，常常会给人一种作品过于单一、呆板、缺乏创新、没有生命力的感觉。其实，我们不应该把拉坯技艺仅仅当作一种制瓷技术，更应该将其作为一种艺术手法来对待。作为一名全面的陶瓷手艺人，掌握拉坯技艺是必需的，不仅能提高我们创作的技术水平，也能提升我们对形体的判断力，增强对泥性感觉的敏锐度和艺术审美的自然化，更能提升我们对形体空间概念的认识能力和造型的塑造水平。

一、拉坯技艺创作的艺术表现形式

　　目前，拉坯技艺创作的艺术表现形式主要为两类。

　　第一类是以中国传统文化精神为主体的拉坯技艺艺术表现形式。中国传统文化的内核是儒家思想，儒家思想渗透在社会生活的各个方面。中国古人对玉十分崇尚，甚至形容人的品行也以玉为基准。青瓷的出现与传统审美心理产生共鸣，奠定了人们对青瓷的审美心理基础。这种传统的审美观念一直对陶瓷的发展起着决定性的指导作用。中国的陶瓷艺术始终追求精美、细致、典雅、轻薄的艺术风格。以中国传统文化精神为主体的拉坯作品呈现出古朴典雅、色泽温润、质地细腻柔和的特点，给人一种含蓄高雅的内在美感，充分表现了中国人特有的审美情趣和文化素养。

　　这一类型作品的特点是：坚持继承传统拉坯成型作品的造型规整、创意严谨、装饰巧妙的创作原则。它不改变拉坯技艺拉制的圆器造型，但装饰、设计、情感与风格在不断变化，既立足于传统，又强调现代性。如此既体现出拉坯技艺的继承，又体现出拉坯技艺的生命活力与创新。例如，拉坯作品《清·雅》（见图95~图96），其以祥云、荷为主要的装饰元素，以"瓶"这个具有中国传统文化意义的造型作为载体，整个作品充满设计感，给人一种新颖、饱满和内敛的美感，也表现出创作者对拉坯工艺较强的把握能力。

图95 拉坯作品《清·雅》（1）　图96 拉坯作品《清·雅》（2）

　　第二类是融合多元文化的拉坯技艺艺术表现形式。发展至20世纪50年代后期，现代美术运动和艺术思潮对陶艺的发展产生了直接或间接的影响，现代陶艺开始确立。现代陶艺摒弃传统制陶方式和审美意识，以充分表现泥土的物性和表达艺术家的情感与意念为陶艺创作的宗旨。20世纪70年代末，中国陶瓷艺术开始与国外交流，一些新的观念逐渐被一些陶艺家接受，拉坯技艺创作的作品呈现出多元化艺术形式，风格丰富多样。这一类作品的风格为抽象表现主义风格，主张创作的随意性，强调作品的构成效果、艺术语言的纯化、创作语言的独特性，尤其注重作品视觉冲击力的表现。创作者将拉坯技艺作为一种艺术手法，通过变形、再塑、切割重构等创作方式完全消解了拉坯技艺的实用性特征，使千百年来拉坯技艺与实用互为一体的存在方式开始分离，拉坯技艺的工艺本质由此被颠覆。这一类作品可以分为表现性类型和观念性类型。

表现性类型的作品，创作者注重对内心情感与个性的表达，通过叠、拉、扭、挤、压、刻、切、擦等方式，在拉制的坯体上有意地留下一些创作痕迹。这些创作痕迹记录着艺术家创作的过程，同时也记录着他们情感宣泄、个性表达的过程。他们积极探索拉坯技艺在作品形式上的各种可能性，最大限度地挖掘拉坯技艺的艺术表现潜力。这一类作品创作的切入点不尽相同，有的人通过作品体现对现实的关怀，有的人则借鉴西方现代主义的价值观，注重形式的革命与内在情感的宣泄。例如，拉坯作品《中国梦之酒足饭饱》（见图97），其借助器皿的造型和外观设计，表现作品的现代艺术观念。作品造型的扭曲、变形等表面的形式处理，正是创作者要传达的一种新的艺术观念，把传统的器皿造型从原有的传统观念中脱离出来，成为艺术家表现材料肌理、物性的一种媒介体。

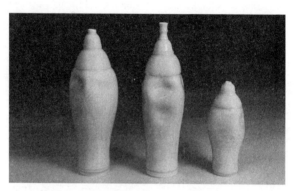

图 97　拉坯作品《中国梦之酒足饭饱》

　　观念性类型的作品，是创作者在接受了西方当代艺术的启示后，着眼如何用自身的艺术语言和技艺来表达对中国当下社会现实与文化现状的关注及思考而产生的。这一类型作品的出现标志着一些陶艺家对拉坯技艺的理解方式正在发生变化，他们将个人对当代文化、社会、生活等方面的思考与观点通过拉坯技艺进行阐述。观念性拉坯作品的创作，要求陶艺家不仅要熟练掌握拉坯技艺，还要善于发现当代文化中真正具有价值的问题，并将这些问题提炼为作品的主题，运用拉坯技艺的创作方式来表达作品的思想内容，这使作品具有比较鲜明的文化关注特点。例如，拉坯作品《禅》系列（见图98~图99），将佛教文化融入作品中，让人们在欣赏艺术美的同时，也能够得到心灵的净化。

 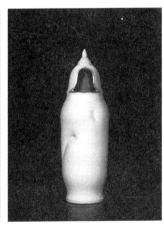

图 98　拉坯作品《禅》系列（1）　　图 99　拉坯作品《禅》系列（2）

二、现代拉坯创作的发展

现代拉坯作品在艺术表现形式上已经有了相当大的突破，不仅在装饰造型方面有所创新，还在新的工艺条件下进行美学层面的创新，是对传统拉坯技艺的突破和升华。

现代拉坯创作往往是以器物为媒介，充分探索器物在纯审美形式创造上的各种可能性，最大限度地挖掘拉坯技艺的表现潜力，追求更大的精神性的意义；同时拓展了拉坯作品的语言、观念和形态，最大限度地表现创作者的情感，促进与社会现实、文化情境的相互融合，向不断变化的社会总体审美高度靠近。

陶瓷艺术的发展，不仅承载了人们对美好生活的向往和追求，而且反映了历代的陶工以他们的勤劳和智慧解决了陶瓷制作中一个又一个的难题，他们所创造出的经典陶瓷艺术是人类历史文明的宝贵财富。

后　记

　　我国古代陶瓷匠人在制瓷过程中不仅创造了各式各样的制瓷技艺，也创造了中国陶瓷灿烂辉煌的历史篇章。这些传统制瓷工艺既是宝贵的技术财富，又是中华优秀传统文化和艺术的重要表现形式。而中华优秀传统文化是中华民族的精神命脉，是涵养社会主义核心价值观的重要源泉，也是我们在世界文化激荡中站稳脚跟的坚实根基。党的十八大以来，习近平总书记多次强调中华优秀传统文化的历史影响和重要意义，赋予其新的时代内涵。作为一名陶瓷艺术工作者，我们工作在一线，传承在一线，践行中华优秀传统文化——拉坯技艺的传承与发展。在近年的传承实践中，我们团队以时代精神激活中华优秀传统文化生命力，使中华优秀传统文化传承有抓手、发展有路径、保护有成效，以守正创新的正气和锐气，赓续历史文脉，谱写当代华章，不断铸就中华文化新辉煌。

截至 2023 年 12 月，我和团队已举办近 60 期的陶瓷技能高级研修班，接待全国 100 多所大学近 45 万名大学生前来工作室进行专业实践。往后，我将继续依托自己的国家技能大师工作室平台，在带徒传技、技能攻关、技艺传承、技能推广等方面发挥作用，开展交流培训、难题攻关、人才培养等重点工作，把自己的绝技、绝活儿传承下去；培养和带动更多的团队成员进行传承创新拉坯技艺，和他们一起深耕陶瓷艺术领域，更加勇毅地坚守在技艺传承主阵地，培养有力量、有技术、有理想的创新型拉坯技艺高技能人才梯队；发挥大国工匠的引领和示范作用，在全社会营造传承和弘扬中华优秀传统文化的牢固共识与浓厚氛围，不断提高中华优秀传统文化的传承意识和传承能力。

本书的编写，离不开所有参编工作人员的辛勤付出与无私奉献。在此，我要特别提及一位在参编工作中表现突出的同人——福建艺术职业学院副教授李清，她的努力为本书的编纂增添了浓墨重彩的一笔。李清以其深厚的学术功底和对拉坯技艺的独到见解，在资料搜集与整理、撰写书稿与修订过程中发挥了重要作用。她准确捕捉拉坯技艺的精髓，将其转化为生动而富有感染力的文字，让读者仿佛亲临其境，感受到拉坯艺术的魅力。

2024 年 5 月

图书在版编目（CIP）数据

占绍林工作法：陶瓷拉坯成型五步法 / 占绍林著.
北京：中国工人出版社, 2024. 9. -- ISBN 978-7-5008-
8514-6

Ⅰ. TQ174.6

中国国家版本馆CIP数据核字第2024YS0933号

占绍林工作法：陶瓷拉坯成型五步法

出 版 人	董 宽
责 任 编 辑	陈培城
责 任 校 对	张 彦
责 任 印 制	栾征宇
出 版 发 行	中国工人出版社
地 址	北京市东城区鼓楼外大街45号 邮编：100120
网 址	http://www.wp-china.com
电 话	（010）62005043（总编室）
	（010）62005039（印制管理中心）
	（010）62379038（职工教育编辑室）
发 行 热 线	（010）82029051 62383056
经 销	各地书店
印 刷	北京市密东印刷有限公司
开 本	787毫米×1092毫米 1/32
印 张	3.125
字 数	35千字
版 次	2024年12月第1版 2024年12月第1次印刷
定 价	28.00元

优秀技术工人百工百法丛书

第一辑 机械冶金建材卷

优秀技术工人百工百法丛书

第二辑 海员建设卷

优秀技术工人百工百法丛书

第三辑 能源化学地质卷

100 ARTISANS AND 100 TECHNIQUES SERIES

陈可营
工作法

海洋油气生产
绿色数智化设计
与应用

100 ARTISANS AND 100 TECHNIQUES SERIES

程平
工作法

钴基60硬质
合金真空水冷
堆焊

100 ARTISANS AND 100 TECHNIQUES SERIES

丁正江
工作法

焦家式金矿
预测勘查

100 ARTISANS AND 100 TECHNIQUES SERIES

华冷利
工作法

松散地层
钻进取心

100 ARTISANS AND 100 TECHNIQUES SERIES

黄兆亮
工作法

航改型
燃气轮机蜂窝
封严钎焊修复

100 ARTISANS AND 100 TECHNIQUES SERIES

琚永安
工作法

架空地线
复合光缆的
电动旋切

100 ARTISANS AND 100 TECHNIQUES SERIES

李辉
工作法

用试验电压检测
变电站一、二次设备
交流回路整体
组合工况

100 ARTISANS AND 100 TECHNIQUES SERIES

李祖锋
工作法

抽水蓄能电站
控制测量
方案优化

100 ARTISANS AND 100 TECHNIQUES SERIES

刘清
工作法

煤矿无人化
智能开采
控制系统

100 ARTISANS AND 100 TECHNIQUES SERIES

毛玉泉
工作法

贵细中药材
鉴别应用

100 ARTISANS AND 100 TECHNIQUES SERIES

齐名
工作法

应用STC
单片机

100 ARTISANS AND 100 TECHNIQUES SERIES

秦钦
工作法

矿井安全监控设备
辅助安装及
故障分析处理

100 ARTISANS AND 100
TECHNIQUES SERIES

**孙同根
工作法**

S Zorb装置
优化

100 ARTISANS AND 100
TECHNIQUES SERIES

**王月鹏
工作法**

基于绝缘平台的
绝缘杆作业法

100 ARTISANS AND 100
TECHNIQUES SERIES

**王跃
工作法**

滴定分析的
判断与控制

100 ARTISANS AND 100
TECHNIQUES SERIES

**杨新海
工作法**

车载移动测量技术
在实景三维成果
质量检验中的应用

100 ARTISANS AND 100
TECHNIQUES SERIES

**杨义兴
工作法**

油田修井现场
清洁生产
技术应用

100 ARTISANS AND 100
TECHNIQUES SERIES

**游弋
工作法**

煤矿供电系统
防晃电
设计与应用

100 ARTISANS AND 100
TECHNIQUES SERIES

**余姝
工作法**

高陡峡谷区
地质灾害调勘查